おうちでカンタン！

おもしろ実験ブック

化学反応

監修 寺本 貴啓

はじめに

大実験で "不思議" をさがせ！

どうなるのかな？ まずはやってみよう！

　科学実験は、みなさんは好きですか？　科学実験は科学クラブや科学館など でやったことがあるかもしれませんね。理科の授業でやらないような楽しい実 験はたくさんありますが、今回は「化学反応」というテーマでいくつかの実験 を集めてみました。

　実験は、やってみないとわからない！　どんな変化があるのか、どんな音や 色が出るのかなど、想像がつかないことがたくさん起こります。なかにはびっ くりすることや、"なるほど！" と思うこともあると思います。まずはやってみ て、自分の力で試してみましょう。これまで知らなかった、新しい体験ができ ますよ！

ほかの実験にも挑戦してみよう！

　この本に載せている実験は、みなさんに "おうちでもできる実験" として紹 介しています。また、その実験に関係する詳しい説明も載せています。みなさ んが実験を深く学べるようにしていますので、学校では学べない少し難しいこ とも書いていますが、「わかるところから」「興味のあるところから」読んでみ てください。

　また、これ以外にも楽しい科学実験は、たくさんあります。インターネット で探してみるとたくさん出てきます。自分がやってみたいことを探してみるの もいいですね。

　自分で実験をするときは、実験できる場所があるかどうか、材料がある（買 える）かどうか、難しいのか簡単なのかなど、さまざまな問題があります。み なさんだけで簡単にできるというわけではありませんので、勝手に実験せず、お うちの方に相談してからやってみましょう！

おうちの かたへ

さまざまな体験をすることは "思考力" を高める原動力

思考力の向上と科学実験

　科学実験を通して現象を見たり体験したりすることで「知識を増やす」ことができます。また、科学実験を通して「考える」こともたくさんできます。今回掲載した各章の最初の実験の多くは、ご家庭でもできるものを選定しています。まずは体験をしてほしいという思いからです。そして、それらの実験をきっかけに、その後のページにおいて日常生活で関連することを紹介し、知的好奇心につながるように構成しています。

　科学実験は「楽しい」だけではありません。科学実験を通して「考える」きっかけ作りをしてほしいのです。本書を通して、子どもたちの思考をどんどん活性化させてみてください。

子どもたちの主体性を大切に

　おうちの方には、子どもたちの主体性を大切にして、子どもたちにいろいろやらせてあげてください。科学実験は必ずしも成功することが重要なのではありません。途中で失敗することも「どうしてうまくいかないのかな？」と考える機会になります。大人は「早く」「正しい知識を」「効率的に」教えたくなりがちです。しかし、子どもたちは、正しいことを知ることだけを目的にしておらず「いろいろ自分でやってみたい」と思っています。そのような子どもたちの主体性を大事にして見守ってみてください。

　子どもたちの思考力や主体性を高めるうえで、おうちの方にお願いしたいことを以下にまとめました。ぜひ一緒に楽しんでいただければと思います。

> ・主体的にできる環境を整えるために、子どもたちがやりたいことをやりたい時にやらせてあげる。
> ・子どもたちに考える機会を作るために、考え方や手順などを大人があれこれ教えるのではなく、子どもたちに委ねてみる。
> ・おうちの方も一緒に楽しんでみる。

実験をはじめる前に

実験はおもしろくて夢中になってしまいがちですが、気をつけないと、ケガや事故につながることも。楽しく実験をするために、このページの注意をしっかり確認しておきましょう。

刃物やとがったもので顔や体をささないように

実験では、はさみなどの刃物や、くぎのように先のとがったものを使うことがあります。ケガをしないように、これらのもので自分の顔や体をさしてしまったり、周りの人に当たらないように気をつけましょう。

実験で使った液体は口に入れない

実験で使う液体は、石けんなどさまざまなものが混ざるので、元が水や食べ物でも絶対に飲んではいけません。目や鼻にも入らないように注意してください。

10ページと58ページは、食べ物を作る実験だよ。この2つは食べられるけれど、日持ちしないから、完成したらすぐに食べよう！

火を使う実験はやけどや火事に要注意！

コンロやライターなど火を使う実験は、やけどをしたり、周りに火がついたら火事になってしまいます。火のそばに紙など燃えるものは置かず、フライパンなど熱くなったものは直接触らないでください。

> お湯も体にかかると、やけどをしてしまいます。お湯を使う実験も、火を使う実験と同じように注意しましょう。

実験の道具や場所はおうちの人と話しておく

実験の道具によっては、おうちの人も使いたいものもあります。また、長い時間をかける実験では、道具を安全に置く場所も必要です。実験の前に、何をどこで使いたいか、おうちの人と話しておきましょう。

> 楽しい実験にするためにも、こんなところも確認しよう。
> ・実験の前と後は、かならず手を洗う。
> ・汚れてもよい服に着がえる。
> ・テーブルの上など、平らで安定した場所で実験する。
> ・実験に使わないものは近くに置かない。

もくじ

2 はじめに
3 おうちのかたへ
4 実験をはじめる前に

1章
9 温度のちがいとものの形

10 冷凍庫を使わない！ 混ぜるだけアイス
14 なぜ氷と塩で温度が下がる？
16 気体、液体、固体
18 水の三態を使ったもの
20 透明な氷を作ってみよう！

2章
21 ものと結晶の形

22 キラキラきれい！ ミョウバンの結晶
26 どうして大きな結晶ができるの？
28 塩の結晶作り
29 うまみ調味料の結晶作り
30 大地がつくり出した結晶
32 自然の神秘 雪の結晶

3章

33 「反応」を見てみよう

- 34 シュワシュワ出てくる空気を風船でつかまえよう！
- 38 なぜ風船が大きくふくらんだの？
- 40 花火は化学反応の芸術
- 41 消しゴムで炎色反応
- 42 「さび」も化学反応
- 43 さびを作ろう！
- 43 カイロの重さを調べよう！
- 44 化学反応は危険もいっぱい

4章

45 酸性とアルカリ性

- 46 色が変わる!? 不思議な紫の水
- 50 なぜ紫キャベツの水を入れると色が変わるの？
- 52 生活の中の酸性・アルカリ性
- 54 自然の中の酸性・アルカリ性
- 56 酸性・アルカリ性の発見

57 5章 気体や液体を閉じこめる

- 58 空気を閉じこめたふわふわパンケーキ
- 62 どうしてパンケーキがふくらむの？
- 64 空気を閉じこめてできているもの
- 66 空気ではないものを閉じこめている!?
- 68 空気が入っているのに腐らない？

69 6章 生活に役立つ反応

- 70 電気が作れる!?　備長炭で電池作り
- 74 なぜ備長炭で豆電球が光る？
- 76 電池の世界を見てみよう

- 78 おわりに

●注意

(1) 本書は監修、執筆者が独自に調査した結果を出版したものです。
(2) 本書は内容について万全を期して作成いたしましたが、万一、ご不審な点や誤り、記載漏れなどお気付きの点がありましたら、出版元まで書面にてご連絡ください。
(3) 本書の内容に関して運用した結果の影響については、上記(2)項にかかわらず責任を負いかねます。あらかじめご了承ください。
(4) 本書の全部または一部について、出版元から文書による承諾を得ずに複製することは禁じられています。
(5) 本書に記載されているホームページのアドレスなどは、予告なく変更されることがあります。
(6) 商標
　　本書に記載されている会社名、商品名などは一般に各社の商標または登録商標です。

1章

温度のちがいと
ものの形

作り方は12ページ →

冷凍庫を使わない！
混ぜるだけアイス

器に入れた卵の黄身をスプーンですくうとうまく取れるよ

準備するもの

- 卵黄 1個分
- 砂糖 30g
- 牛乳 100㎖
- 生クリーム 50㎖
- バニラエッセンス 少々
- 塩 300g
- 氷 1kg
- トッピング（チョコ、シュガーなど） おこのみで
- ゴムべら
- ボウル（大）
- ボウル（小）
- 軍手
- 泡だて器

11

実験スタート！

1 小さいボウルに卵黄、砂糖を入れ、泡だて器で白っぽくなるまで混ぜます。

まぜる

4 3のボウルに、2のボウルを重ねて、生クリームとバニラエッセンスを入れます。

まぜる

2 1に牛乳を入れて、さらに混ぜます。

まぜる

3 大きいボウルに氷と塩を入れて、塩が氷全体につくように軽く混ぜます。

1章 温度のちがいとものの形

かなり冷たくなるので、ボウルを押さえる手には軍手をつけましょう！

5 少し固まってくるまで、泡だて器で混ぜます。

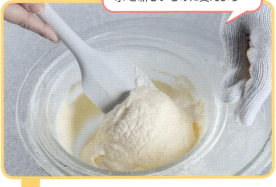

アイスが固まりにくいときは、大きいボウルに塩を足したり、氷を新しいものに変えよう

6 ゴムべらにかえて、ボウルの底からひっくり返すように全体を混ぜます。

冷凍庫に入れてないのに、なんでアイスができるの？

7 できあがったら器に盛り、トッピングをのせます。

それは大きいボウルの温度のちがいを比べるとわかるよ

ゴール！

なぜ氷と塩で温度が下がる？

氷と塩がそれぞれ温度をうばっているから

　アイスクリームの材料である卵黄、牛乳、砂糖などを混ぜたものを固めるためには、温度を-15～-16℃にする必要があります。おうちの冷凍庫は-18℃程度まで冷やすことができるので、アイスクリームを作ることができます。しかし、氷だけでは0℃程度までしか温度を下げることができません。では、なぜ冷凍庫を使わずにアイスクリームが作れたのでしょう？　それは、塩が水に溶けるときに温度を下げる性質と、氷が水になるときに温度を下げる性質の、2つを利用したからです。

　塩を水に溶かすと、塩は水の温度をうばいながら溶けていき、塩を入れた水の温度は下がります。これを「溶解熱」といいます。

　水に氷を入れても温度が下がります。これは冷たい氷が水の温度を下げているのですが、氷が溶けるときに、水の温度をうばっているから起こる現象です。これを「融解熱」といいます。

　塩が水に溶けるときの「溶解熱」と、氷が溶けるときの「融解熱」の2つの働きが合わさることで、水からどんどん熱がうばわれて、水の温度が0℃より下がりマイナスになるのです。

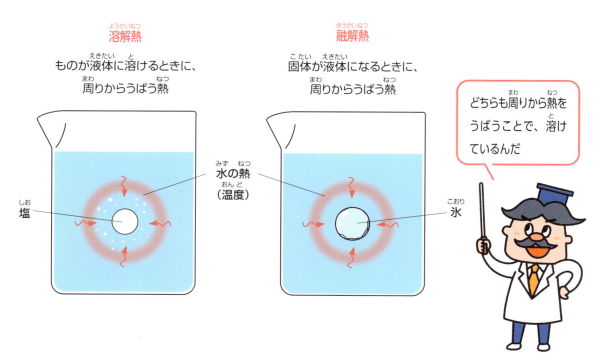

どちらも周りから熱をうばうことで、溶けているんだ

1章 温度のちがいとものの形

なぜ0℃より低いのに氷にならないの？

　水が氷になるとき、見えないくらい小さな水の粒がきれいに並んでいます。水のみの場合、その温度は0℃です。しかし、塩が水に溶けると、塩の粒がじゃまをして、水の粒はきれいに並ぶことができず、なかなか氷にならないのです。水の粒がきれいに並ぼうとしている間に、溶解熱と融解熱により、どんどん温度が下がります。

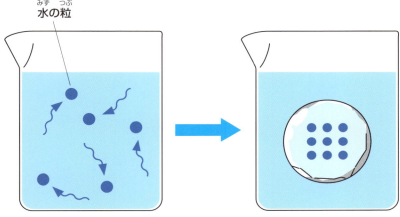

水が氷になるとき
水の粒がきれいに並ぶことで氷になる。

水に塩を入れたとき
塩の粒が水の粒のじゃまをしてきれいに並ばず、どんどん熱がうばわれる。

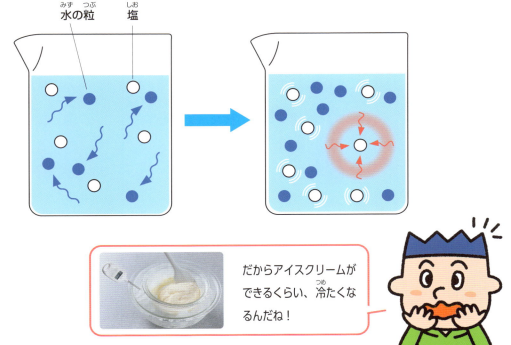

だからアイスクリームができるくらい、冷たくなるんだね！

15

気体、液体、固体

ものの形が変わる「三態変化」

物質には「気体」「液体」「固体」の3つの状態があります。水の場合、気体は水蒸気、液体は水、固体は氷といい、3つの状態は温度や圧力によって変化します。これを「三態変化」といいます。液体が気体になることを「蒸発」というなど、それぞれの変化には名前があります。

水以外の物質も液体、気体、固体があります。酸素や二酸化炭素にも三態があります。液体の酸素や二酸化炭素は、極めて低温にするなどの特別な環境を作ることで見ることができます。

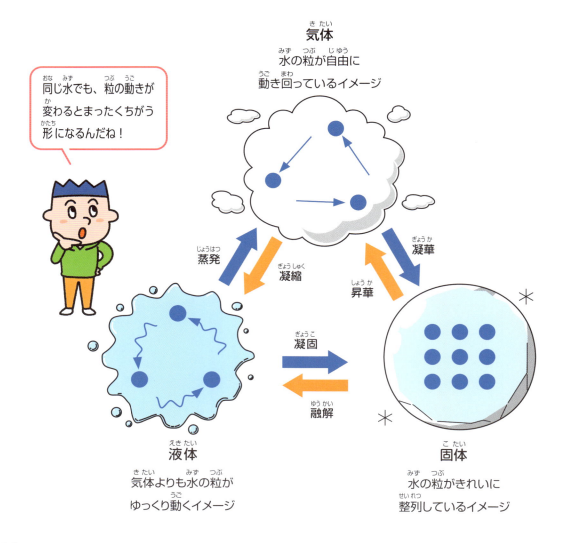

同じ水でも、粒の動きが変わるとまったくちがう形になるんだね！

1章 温度のちがいとものの形

三態のすべてができるのは水だけ！

　地球上の自然の状態で気体、液体、固体ができるのは水だけです。たとえば、液体としては雨や川、海があります。気体としては水蒸気として存在し、見ることはできませんが湿度として感じることができたり、結露して液体になる様子を観察することができたりします。固体としては湖に張った氷、雪やつららとしてあらわれます。

　酸素や二酸化炭素は、地球上では気体として存在し、自然の中に液体と固体を見ることはできません。極めて低温にすると液体の酸素や二酸化炭素にすることができますが、自然の中にはありません。

　とても身近な水と氷と水蒸気。それは、とても特別な物質なのです。

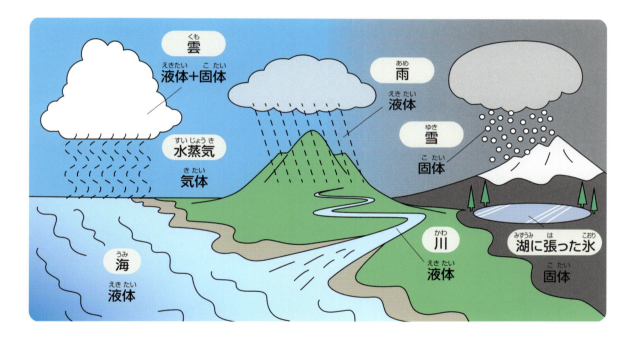

川などの自然や、雨や雪の天気は、水の形が変わったものなんだね！

水の三態を使ったもの

ネッククーラー

ネッククーラーの中には28℃で固体になる液体が入っています。氷が水になるときに周りの熱をうばい、温度を下げたように、ネッククーラーの中に入っている固体も液体になるときに周りから熱をうばいます。そのため、首につけていると、首周りの体温を下げることができるのです。

ネッククーラーの中に入っているものは「PCM」といい、「相交換物質」「相転移物質」「潜熱蓄熱材」と呼ばれています。ネッククーラーに使われているPCMは凝固点を18～28℃に調整されているので、液体になっても水道水などで冷やせばまた固体になり、くりかえし使うことができます。

打ち水

打ち水は、夏の暑い日に水をまき、涼しく過ごす工夫として江戸時代から行われています。地面に水をまくと、水が水蒸気になります。氷が水になるときに水の熱をうばって温度を下げたように、水が水蒸気になるときに地面の熱をうばって温度を下げます。そのしくみを利用して、涼しく過ごす工夫が打ち水です。

1章 温度のちがいとものの形

蒸気機関

　液体が気体になるとき、体積が大きくなります。水の場合は、水蒸気になると体積が約1700倍になります。入れ物の大きさが変わらずに、体積が大きくなると入れ物から出ていこうとして、空気が入れ物を圧す力が加わります。そのときの力を使って物を動かしているのが蒸気機関です。

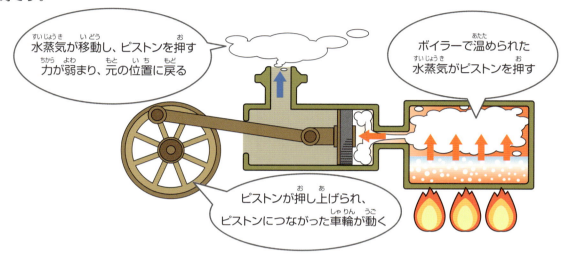

火力発電

　火力発電も、水が水蒸気になるときの体積変化の力を使っています。その大きな力がタービンを回すことで電気を作り出します。原子力発電や地熱発電も基本は「タービンを回すために水が水蒸気になるときの大きな体積変化の力を活用する」という同じ原理で電気を作り出しています。

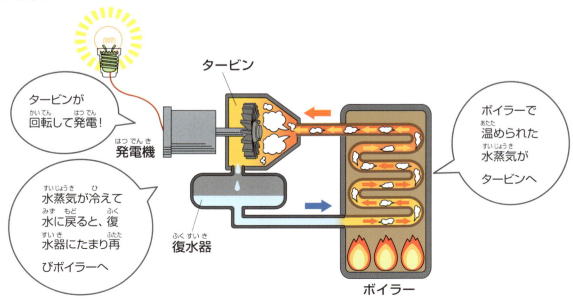

透明な氷を作ってみよう！

おうちの冷凍庫で作る氷は、中が白くなっていることがあります。水道水には、カルキやミネラルなどが含まれており、それらが原因で白くなるのです。

水道水を一度沸騰させて、ゆっくり冷やすことで透明な氷を作ることができます。簡単に作ることができるので、ぜひやってみましょう！

作り方

1 水を電気ケトルなどで沸騰させます。

沸騰させると、水の中に溶けている空気が抜けるんだよ

2 あら熱が取れたら、シリコンの器にお湯を注ぎます。

3 器をタオルで巻いて温度設定を「弱」にした冷凍庫に入れます。ゆっくり凍らせて、少し水が残るくらいまで氷ができたら、残りの水は捨てます。

カルキやミネラルなどが凍るのは、水が氷になるよりも遅いんだ。残りの水を捨てることで、透明な氷が完成するよ

2章

ものと結晶の形

作り方は24ページ →

キラキラきれい！
ミョウバンの結晶

準備するもの

ミョウバン
（焼きミョウバン）
40g

ドリッパー

コーヒー
フィルター

耐水性のある
接着剤

お湯（熱湯）
400㎖

糸（テグス）

セロハンテープ

スプーン

プリンカップ

カップ

わりばし

2Lペットボトル
（上半分に切ったもの）

耐熱の器
（底が平らなもの）

発泡スチロール箱

実験スタート！

1 耐熱の器にミョウバン20gを入れて、お湯200mlに溶かし、溶け残りがなくなるまでスプーンでよく混ぜます。

まぜる

2 発泡スチロールの箱の中に1を入れてフタをして、1～2日置いてゆっくり温度を下げます。

> コーヒーフィルターで溶け残ったミョウバンの粒やほこりを取り除くんだ

4 1と同じようにミョウバン液を作り常温になるまで冷やします。カップにドリッパーとコーヒーフィルターをセットし、ミョウバン液をろ過します。

えらぶ

やすむ

3 器の底にミョウバンの結晶（種結晶）ができたら、形が綺麗な結晶を1つ選びます。

24

2章　ものと結晶の形

5 接着剤で種結晶に糸をつけます。

6 種結晶がプリンカップの真ん中にくるように糸の長さを調節して、わりばしの中心につけます。わりばしはプリンカップの幅よりも少し長めに切っておくと、安定します。

7 プリンカップの中に**4**を注ぎ、**6**の種結晶を入れます。
※ミョウバンが水に限界まで溶けていないと種結晶が溶けてしまうので要注意。

8 ペットボトルを、**7**のプリンカップの上に被せます。

やすむ

実験に使ったミョウバン液は飲まないように！

9 1週間ほど置くと、結晶が大きくなります。より大きくしたいときは、新しいミョウバン液を加えて繰り返しましょう。

ゴール！

25

どうして大きな結晶ができるの？

結晶は、液体や気体に溶けたものがこれ以上溶けることができない限界を超えたとき、その分が結晶（固体）として出てきます。では、どのようにすればこれ以上溶けることができない限界を超えられるのでしょうか。主に2つの方法があります。

😊：水に溶けているミョウバン
⛰：ミョウバンの結晶（固体）

水の温度を下げる方法

水100mlを60℃まで温めると、ミョウバン（焼きミョウバン）を約25g溶かすことができます。このとき、ミョウバンは水の中に均等に溶けていて、とても安定しています。

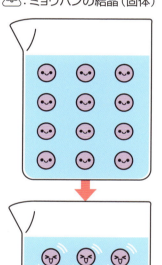

水の温度を60℃から20℃まで下げると、ミョウバンは約6gしか溶けなくなってしまいます。それ以上に溶けていたミョウバンは、その分だけ固体になろうとします。

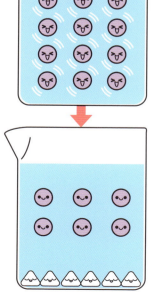

すると、溶けていたミョウバンがコップの底に結晶となって出てきます。水の温度を60℃から20℃まで下げたため、その差の約19gが結晶として出てきます。そうすることで、ミョウバン液の中はまた安定した状態にもどります。温度を下げる方法は、すばやく結晶を作ることに適しています。

2章 ものと結晶の形

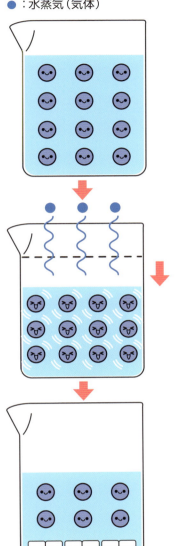

○：水に溶けている塩
◯：塩の結晶（固体）
●：水蒸気（気体）

水を蒸発させる方法

水100mlに塩26gが溶けているとします。

そのまま数日置くと、水が蒸発していきます。水が50mlまで蒸発したとすると、塩は半分の13gしか溶けることができなくなり、塩は、その分だけ固体になろうとします。すると、その差の13gは結晶として出てきます。

水の体積によってものが溶ける量には限界があることを利用し、蒸発させて結晶を作るこの方法は、種結晶をより大きくさせるときに活用します。

きれいな結晶を作るには？

きれいな結晶を作るには、急がずゆっくり時間をかけることが大切で、水の蒸発を活用することが有効です。種結晶を作るときは水の温度を下げる方法を使い、結晶を大きくするときは水を蒸発させる方法にするなど、使い分けましょう。また、結晶は「核」に集まる性質があります。ほこりが入っているとほこりを核に結晶ができてしまい、ミョウバン液の中には小さな結晶がたくさんできてしまいます。ミョウバン液をろ過し、ほこりや溶け残りなどを取りのぞいて、種結晶にミョウバンがつきやすくなるようにしましょう。

塩の結晶作り

準備するもの

- モール
- 糸（テグス）
- 塩
- 竹ひご
- 耐熱の器
- 鍋
- 発泡スチロール箱

実験スタート！

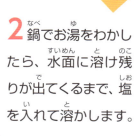

1 モールを好きな形にして、竹ひごに糸で結びます。糸の長さは、モールが耐熱の器の真ん中にくるようにします。

2 鍋でお湯をわかしたら、水面に溶け残りが出てくるまで、塩を入れて溶かします。

ゴール！

3 2の食塩水の上澄み液を耐熱の器に注いで、モールを入れ、発泡スチロール箱に入れて、1日冷まします。

28

うまみ調味料の結晶作り

準備するもの

- お湯 50㎖
- うまみ調味料 大さじ1
- 皿（平らなもの）

実験スタート！

1 お湯に、うまみ調味料を入れて、よく溶かします。

2 皿に1を注ぎ、日当たりのよいところに置いて、1週間ほど蒸発するのを待ちます。

ゴール！

3 蒸発したら小さな結晶ができているので、どんな形か虫眼鏡や顕微鏡を使って観察してみましょう。

29

大地がつくり出した結晶

調味料のような身近なものだけでなく、鉱物も、原子、分子、イオンなどの小さな粒が規則正しく並んで集まった結晶です。

石英（二酸化ケイ素）

二酸化ケイ素の結晶を石英といいます。無色透明の大きな結晶は水晶と呼ばれ、美しいものは宝石に使われています。日本では、山梨県、長野県、岐阜県でよく採れます。

石英は電気で振動する性質があって、それを使った時計もあるんだ

ダイヤモンド（炭素）

鉱物の中で最高の硬度を示します。一般的に無色透明で美しい光沢を放ち、とても有名な宝石です。ボツワナ共和国、ロシア、カナダなどが主な産出国です。

ダイヤモンドの硬さを用いた「ダイヤモンドカッター」は、硬いものでも簡単に切れるよ！

2章 ものと結晶の形

黄鉄鉱（二硫化鉄）

黄鉄鉱は名前のとおり黄色に輝き、立方体の結晶をつくります。黄鉄鉱を見つけて金だとかんちがいする者が多かったようで「おろか者の金」と呼ばれることもありました。かつて金を探し求めた多くの人々が、黄鉄鉱に惑わされたそうです。

ビスマス

少し赤みのある銀白色の金属で、熱して溶かし、ゆっくりと冷やすと、不思議な形の結晶になります。このような形を骸晶といいます。中国、ペルー、メキシコが主な産出国です。

ビスマスは溶ける温度が低いことから、金属をくっつける「はんだづけ」で使われるよ

方解石（炭酸カルシウム）

炭酸カルシウムを成分としていて、実験や工業用では「石灰石」、建築用では「大理石」と呼ばれます。叩くと、つぶれたマッチ箱のようなひし形に割れます。日本では全国各地で採ることができます。

31

自然の神秘
雪の結晶

どうして雪の結晶ができるの？

　水は凍ると六角形になる性質があり、上空でできた雪の結晶は、はじめは六角形をしています。六角形の角に空気中の水蒸気がつきます。どんどん水蒸気がつくことで、氷の粒が次第に成長し、雪の結晶になります。

「雪は天から送られた手紙である」

　中谷宇吉郎という博士は、世界で初めて人工雪を作ることに成功しました。「自然界の雪の結晶に同じものは2つとない」といわれるほど、雪の結晶は複雑です。中谷博士は、温度と空気中の水蒸気の量の違いで結晶の形が変わることを発見し、それを表にまとめました。これは「中谷ダイヤグラム」と呼ばれました。中谷博士は、この研究の意義を「雪は天から送られた手紙である」という言葉で表しました。

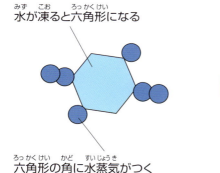

角に水蒸気がくっつき続け、
雪の結晶の形になる

主な雪の結晶の形

角板型

角柱型

針型

六花型

3章

「反応」を見てみよう

作り方は36ページ →

シュワシュワ出てくる
空気を風船でつかまえよう!

準備するもの

酢
50㎖

重曹
5g

500㎖ペットボトル

スプーン

風船

クエン酸パウダー
5g

酢のかわりにクエン酸パウダーを水で溶かしてもできるよ

失敗すると泡があふれたり、風船が飛んでしまう!おうちの外で実験しよう!

35

実験スタート！

風船の口を広げる人と重曹を入れる人、ふたりでやるとやりやすいよ

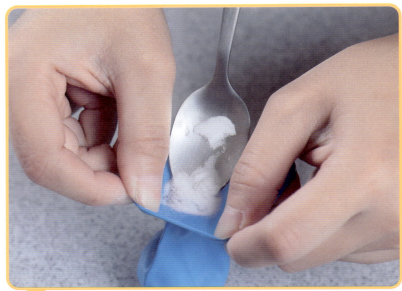

1 風船の口を広げて、風船の中に重曹をスプーンで入れます。

2 ペットボトルに酢を入れます。

3章「反応」を見てみよう

4 風船を立てて重曹をペットボトルに入れます。

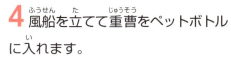

風船を奥までしっかりつける！

3 重曹がこぼれないように注意して、ペットボトルの口に風船をつけます。

泡が出てきて風船が大きくふくらんだ！

ゴール！

37

なぜ風船が大きくふくらんだの？

酢と重曹が混ざると「化学反応」が起こる

先ほどの実験では、酢と重曹を混ぜただけなのに風船がふくらみました。なぜ風船は大きくふくらんだのでしょう？

酢と重曹を混ぜると、泡が出てきました。この泡の正体は二酸化炭素で、二酸化炭素が風船をふくらませていたのです。このように、ある物質と他の物質が合わさって、物質が変化したり、まったくちがった特性の物質を新たに作り出したりすることを「化学反応」といいます。

酢の別名は「酢酸」、重曹は「炭酸水素ナトリウム」といいます。この2つが混ざることで化学反応が起こり「酢酸ナトリウム」という液体と炭酸水ができます。炭酸水は水に二酸化炭素が溶けた液体で、その溶けていた二酸化炭素が泡となり、風船をふくらませたのです。

実験の反応を図にすると、下のようになるよ

酢と重曹の反応

反応する前と後で、粒（原子）の種類と数は変化しない

3章 「反応」を見てみよう

身近な化学反応① 物が燃える

マッチやろうそく、木などに火をつける「燃焼」も化学反応です。燃焼は、燃えるものと酸素が合わさることで、二酸化炭素と水を作り出します。

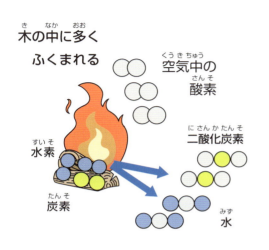

水ができる反応

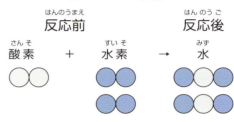

二酸化炭素ができる反応

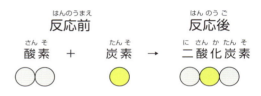

身近な化学反応② 光合成

植物は「光合成」という化学反応を利用しています。葉で取り入れた二酸化炭素と、根から吸収した水を、葉にあたってた光の力で、ブドウ糖と酸素を作り出しています。作られたブドウ糖は植物の栄養として使われ、酸素は葉から出されます。

光合成の反応

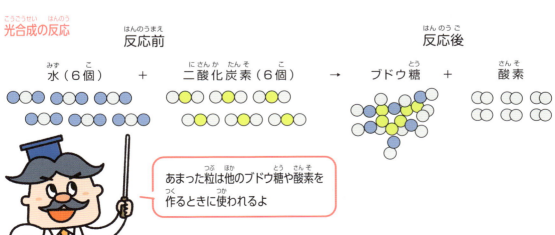

あまった粒は他のブドウ糖や酸素を作るときに使われるよ

花火は化学反応の芸術

いろんな色に燃える「炎色反応」

花火は黄色や青、緑など、さまざまなきれいな色を放ちます。本来、ろうそくや木炭を燃やしたときの炎の色はオレンジです。では、花火はどのようにしてきれいな色を出しているのでしょうか。

花火の色は「炎色反応」という化学反応によるものです。炎色反応は、特定の金属を燃やすことで、その金属特有の色の炎を出して燃える現象です。金属の種類によって、約20種類の炎の色ができます。たとえば、カルシウムは濃いオレンジ、ナトリウムは黄色、カリウムは紫、銅は青緑色の炎になります。

江戸時代の花火は金属の薬品が手に入らなかったため、木炭が燃えるときに放つオレンジの花火しか見ることができませんでした。明治時代以降、炎色反応を使って、特定の金属を花火玉に入れて打ち上げることで、カラフルな花火が楽しめるようになりました。

身の回りのものでできる炎色反応

| 基本の色（エタノール） | カルシウム（除湿剤） | ナトリウム（塩） | カリウム（ミョウバン） | ホウ素（ホウ酸） |

きれいな花火も、化学反応が作っているんだね！

消しゴムで炎色反応

やけどに注意して、おうちの人と一緒に実験しよう！

準備するもの
- プラスチック消しゴム
- 軍手
- 銅線（10cm程度）
- ペンチ
- ライター（ターボタイプ）

実験スタート！

1 軍手をして、銅線をペンチで持ち、ライターで銅線の先を温めます。

2 熱くなった銅線の先を消しゴムにさし、塩化銅にします。

3 消しゴムをつけた銅線の先（塩化銅）を、もう一度ライターにつけます。

ゴール！

41

「さび」も化学反応

さびは金属と酸素の化学反応

　パイプなどの鉄でできたものがさびているのを見たことがあるでしょうか。なにも混ぜていない、熱してもいないのに、鉄が変化してしまうのは不思議です。

　鉄などの金属がさびるのは、すべて酸素が関係しています。鉄に空気が触れている状態は、空気中の酸素が鉄の周りにたくさんあることになります。その酸素がゆっくりと時間をかけて鉄と結びついていきます。やがて、鉄の表面にもとの鉄とはちがった性質のものが作られます。これを「酸化鉄」といいます。酸化鉄がたくさん集まって目に見えるようになったものが、さびです。

使い捨てカイロはさびで温かくなる

　使い捨てカイロには鉄の粉（鉄粉）がたくさん入っています。カイロの袋を開けると、カイロと空気が触れて、中の鉄粉が酸化鉄に変化していきます。カイロの中で、鉄粉がさびているということです。このときに鉄粉から熱が生じます。

　化学反応が起きるとき、反応するものが熱を発生したり、熱を吸収したりします。これらの熱を「反応熱」といいます。カイロの中の鉄粉が酸化鉄に変わるとき、余分なエネルギーを反応熱として出しているので温かくなるのです。

さびを作ろう！

準備するもの

水

鉄製のくぎ

実験スタート！

1 コップに水を半分くらい入れて、くぎの半分が空気に触れるように、立てて入れます。

数日置いて、どの部分がさびているか、観察してみよう

カイロの重さを調べよう！

実験スタート！

準備するもの

使い捨てカイロ

キッチンスケール
（0.1gが計れるもの）

1 カイロの重さを計ります。1時間ごとに重さを計って、最初の重さと比べてみましょう。

化学反応は危険もいっぱい

「まぜるな危険」は化学反応の事故を防ぐため

　私たちが普段使っている洗剤の一部には「まぜるな危険」の表示があります。塩素系洗剤と酸性洗剤をあやまって混ぜてしまうと、大量の塩素ガスが急激に発生します。塩素ガスは毒であり、吸ってしまうと非常に危険です。そのため「まぜるな危険」と強く表示されているのです。

有害な塩素ガスが発生！

酸性洗剤　　塩素系洗剤

水筒にスポーツドリンクを入れないで！

　ステンレス水筒やアルミボトルの水筒は金属で作られています。スポーツドリンクは甘いですが、塩分が多く含まれています。金属に塩分が触れると、さびの原因になるため注意が必要です。とくに水筒の内部に傷がついていると、そこからさびやすくなります。

　また、スポーツドリンクは「酸性」です。酸性のものは金属を溶かすため、金属製の水筒にスポーツドリンクを入れると、内側の金属がスポーツドリンクに溶ける可能性があります。

傷で出てきた水筒の銅　　スポーツドリンクの塩分

さび

どちらもとても危険です！絶対にやらないように！

4章

酸性とアルカリ性

作り方は48ページ →

色が変わる!?
不思議な紫の水

準備するもの

紫キャベツ
1/4玉

水
200mℓ

キッチンばさみ

スプーンでもOK！

スポイト

フリーザーバッグ
（200×200㎜
程度のもの）

卵パック
（下半分に切ったもの）

調べてみたいもの

石けん

スポーツドリンク

レモン

砂糖

洗剤

牛乳

重曹

塩

ミョウバン

酢

実験スタート！

1 紫キャベツをキッチンばさみで細かく切ってフリーザーバッグに入れ、1日冷凍します。

やすむ

2 1を冷凍庫から出し、解凍します。

キャベツが入ったら、きれいに洗ったはしで取りのぞこう

5 フリーザーバッグから紫色の水だけをコップに入れます。

4 3の紫キャベツをやさしい力でもみ、紫色の水を作ります。

やすむ

しっかりチャック！

3 フリーザーバッグに水を入れて、水があふれないように、空気を抜いてチャックをします。

4章 酸性とアルカリ性

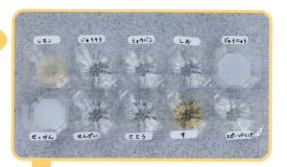

6 卵パックに調べてみたいものを入れます。

石けんなどの固体はスプーンでけずって粉にしよう。

塩などの粉は水を入れて、よく洗ったスプーンで溶かそう。

果物の汁はよく洗った手でしぼって入れよう。

7 5の紫色の水を、6の卵パックの中に少しずつ入れます。

実験に使った液体は絶対に口にしないように！

色が変わった！
紫色のままのものもあるね

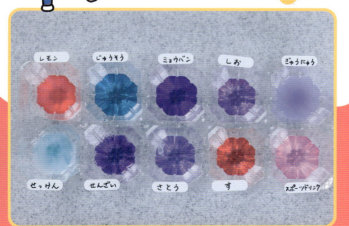

ゴール！

49

なぜ紫キャベツの水を入れると色が変わるの？

「水溶液」には性質がある

「水溶液」とは、何かが水に完全に溶けている液体のことです。たとえば、塩を水に溶かすと「食塩水」に、砂糖を水に溶かすと「砂糖水」になります。どちらも水の中に粒が均等に溶けている液体です。

水溶液には「酸性」「中性」「アルカリ性」といった性質があります。さらに「酸性」や「アルカリ性」には幅があります。とても強い酸性のものを「強酸性」、中性に近いものを「弱酸性」といいます。反対に、とても強いアルカリ性のものを「強アルカリ性」、中性に近いものを「弱アルカリ性」といいます。水溶液がどれくらい酸性で、どれくらいアルカリ性かを表すために「pH」という単位が使われます。

紫キャベツの色素が水溶液の性質に反応

紫キャベツには「アントシアニン」という紫色の色素が含まれています。これには、水溶液の性質によって色が変わる特徴があります。紫キャベツの水自体は中性ですが、調べた水溶液の性質と反応するため、色が変わっていたのです。このように、水溶液の性質に反応して色が変わる液体を「指示薬」といいます。

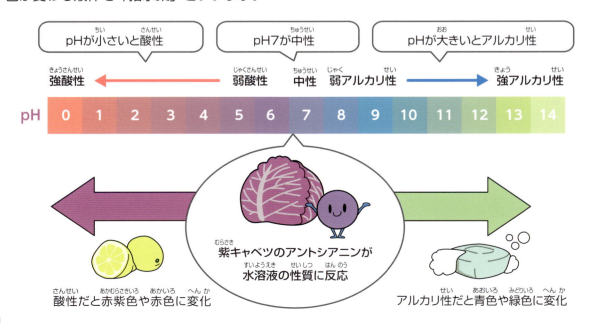

4章 酸性とアルカリ性

アントシアニンは他のものにもある！

　アントシアニンは、紫キャベツの他に、ブドウ、ナス、紫いも、赤しそ、ブルーベリーなどにも含まれます。そのため、これらの植物でも同じように指示薬を作ることができます。また、お菓子作りコーナーなどで売られている「紫いもパウダー」や、紫色の野菜ジュースも、指示薬として用いることができます。

　さらに、ブルーマロウやバタフライピーという紫色の花にもアントシアニンが含まれています。これらの花は乾燥させて、ハーブティーとして用いられています。

51

生活の中の酸性・アルカリ性

トイレ、おふろの洗剤

　トイレをきれいにするためには、トイレ用の洗剤を用いて汚れを落とします。トイレのガンコな汚れの1つに「尿石」というものがあります。これは、おしっこに含まれているカルシウムなどが変化して、アルカリ性の結晶となったものです。トイレの水の中や、便座の裏につきやすく、黄ばみ汚れになることが多いです。ニオイの原因にもなります。尿石は簡単にふいただけではなかなか落ちません。そこで、酸性のトイレ用洗剤を用いると、アルカリ性の汚れが溶けて、楽に、きれいに掃除することができます。

　では、おふろ掃除はどうでしょうか？ おふろの汚れはさまざまありますが、湯舟やタイルには体から洗い流された皮脂が、排水溝には髪の毛がたまりやすいです。皮脂や髪の毛はタンパク質からできていて、酸性や弱酸性の性質があります。そこで、酸性の汚れを溶かすアルカリ性のおふろ用洗剤で掃除することで、汚れがきれいに落ちてピカピカにできるのです。

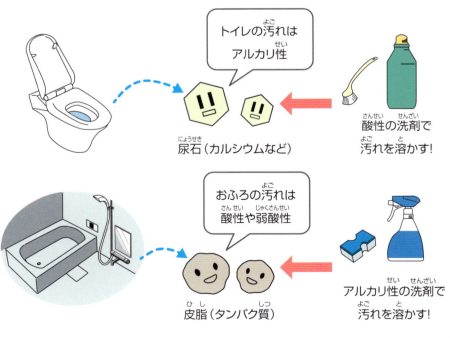

汚れと反対の性質の洗剤を使って溶かすから、汚れがきれいに落ちるんだ

4章　酸性とアルカリ性

酢と魚の料理

　料理に使う酢は、酸性の水溶液です。この酸性の性質が魚の骨（カルシウム）を溶かして食べやすくしてくれます。
　たとえば、マリネは酢を含む「マリネ液」に魚を漬け込んで作りますが、漬けている間に酢が魚の骨を溶かすことで、やわらかくなります。さらに、魚特有の生臭さが消え、うまみも増します。マリネ液には酢を使うことが多いですが、同じ酸性である柑橘系の果汁でもできます。
　また「酢煮」という酢を加えて骨つきの魚を煮込む調理方法がありますが、これも酢の溶かす力を使ったものです。酢煮は酢が濃いほど、骨がやわらかくなりやすいです。

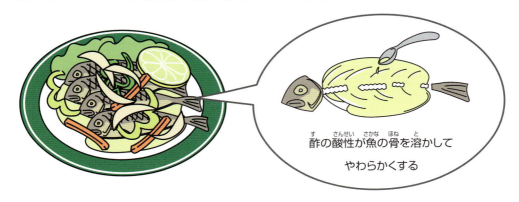

酢の酸性が魚の骨を溶かしてやわらかくする

色が変わるお茶「マロウブルーティー」

　ハーブティーの「マロウブルーティー」というお茶には、色が変わるという不思議な特徴があります。お茶をいれた直後はきれいな水色で、しばらくすると紫色に変わります。さらに、レモン果汁を入れるとピンク色に変化します。
　このお茶は、ブルーマロウの花から作られたものです。ブルーマロウの花にはアントシアニンが含まれています。そのため、紫キャベツの水と同じように、マロウブルーティーもレモン果汁で色が変わるのです。

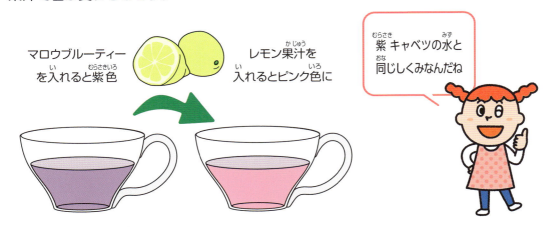

マロウブルーティーを入れると紫色　　レモン果汁を入れるとピンク色に

紫キャベツの水と同じしくみなんだね

53

自然の中の 酸性・アルカリ性

園芸・農業の土

　園芸や農業にも、酸性、アルカリ性の性質が活かされています。じつは、土にも酸性、アルカリ性があります。農作物などの植物は、特定のpH値の中で、最もよく成長します。また、pH値は、土の中の養分の溶け具合や、植物が養分を吸う力にも大きく影響します。

　多くの植物は、酸性の土を好みます。なかには、アスパラガス、ホウレンソウ、エンドウなどのように、弱酸性〜中性、弱アルカリ性の土を好むものもあります。また、ラベンダーやローズマリー、スイートピー、チューリップなどは、中性〜弱アルカリ性の土を好みます。それぞれの作物に適した土のpH値があり、農業にたずさわる人たちは、土の状態を把握し、育てる植物に合わせた土になるように工夫しているのです。

酸性（pH5.0〜6.0）を好む野菜

ジャガイモ　ダイコン　トウモロコシ　など

弱酸性（pH5.5〜6.5）を好む野菜

トマト　カボチャ　ブロッコリー　など

弱アルカリ性（pH7.0〜8.0）を好む野菜

ホウレンソウ　エンドウ　など

野菜の好みに合わせて土を整えることで、おいしい野菜ができるんだね

4章　酸性とアルカリ性

温泉の水質

　日本は、世界有数の火山国です。そのため、地震や噴火などの自然災害も少なくありませんが、その一方で、温泉という自然の恵みももたらしてくれています。
　温泉にも酸性、アルカリ性のちがいがあり、このちがいによって水質などが変わるのです。

酸性の温泉

　酸性の温泉は、刺激が強く、入るとピリピリします。皮膚の病気に効果があったり、古い角質を落としてくれたりします。

玉川温泉（秋田県）
pH 1.2

蔵王温泉（山形県）
pH 1.6

草津温泉（群馬県）
pH 2.0

強酸性　←　　　　弱酸性　中性　弱アルカリ性　→　強アルカリ性

pH 0 1 2 3 4 5 6 7 8 9 10 11 12 13 14

アルカリ性の温泉

　アルカリ性の温泉は、低刺激で、とろとろとした湯ざわりです。肌に優しく、入るとつるつるになります。

白馬八方温泉（長野県）
pH 11.2

下呂温泉（岐阜県）
pH 9.18

飯山温泉（神奈川県）
pH 11.3

酸性・アルカリ性の発見

　世界で初めて、酸性とアルカリ性の反応について考えたのは、スウェーデンの学者スヴァンテ・アウグスト・アレニウスです。

　1859年に生まれたアレニウスは、3歳で読むことを覚え、子どものころから物理学と数学が大好きでした。17歳でウプサラ大学に入学。わずか25歳で、学位論文「電離説」を提出しました。

　アレニウスは同じころに、酸性・アルカリ性についても考えを示しました。それは「アレニウスの定義」といわれ「酸は『水に溶けると水素イオンを生じる物質』であり、アルカリは『水に溶けると水酸化物イオンを生じる物質』である」というものです。当時、酸性・アルカリ性を示す原因ははっきりしておらず、議論が混乱していたため、アレニウスの考えは斬新なものでした。アレニウスは、酸とアルカリが反応すると「水素イオン」と「水酸化物イオン」が結びつき、酸・アルカリとしての性質を打ち消し合う「中和反応」についても明確にしました。

　アレニウスの考えが受け入れられるようになったのは、発表から10年以上も後のことで、のちに物理化学や電気化学の基礎となりました。アレニウスは、その業績が認められ、1903年にノーベル賞を受賞しました。

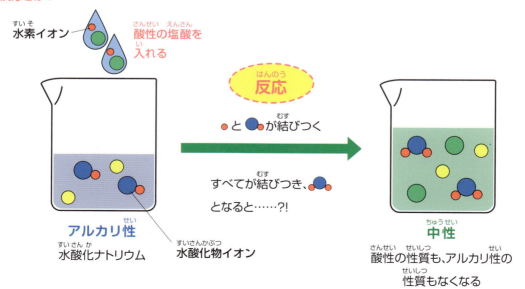

5章

気体や液体を閉じこめる

作り方は60ページ →

空気を閉じこめた ふわふわパンケーキ

準備するもの

薄力粉
160g

ベーキングパウダー
5g

砂糖
40g

ボウル
2つ

バター
おこのみで

メープルシロップ
おこのみで

フライパン

フライ返し

泡だて器

牛乳

卵
1個

卵と牛乳を合わせて160g使うよ

おたま

実験スタート！

1 ボウルに薄力粉、ベーキングパウダー、砂糖を入れ、泡だて器で混ぜ合わせます。

まぜる

2 別のボウルに卵と牛乳を入れて、泡だて器で混ぜます。

まぜる

やく

3 1のボウルに2を加え、粉っぽさがなくなるまで泡だて器で軽く混ぜます。

5章　気体や液体を閉じこめる

燃えやすいものを周りに置いたり、やけどをしないように注意しよう！

4 熱したフライパンにおたまで**3**の生地を入れて、弱火で焼きます。

6 皿に盛って、おこのみでバターやメープルシロップをのせます。

5 ぷつぷつと穴が開いてきたら、フライ返しでひっくり返して、焼き色がつくまで焼きます。残りの生地も同じように焼きます。

トロトロの液体だったのに、どうしてふくらむんだろう？

ゴール！

61

どうしてパンケーキがふくらむの？

ベーキングパウダーで空気を閉じこめるから

　パンケーキの中で空気がふくらむのは、材料のベーキングパウダーがポイントです。ベーキングパウダーとは、「ふくらし粉」ともいう、お菓子作りによく使われる膨張剤です。重曹（炭酸水素ナトリウム）を主な成分とした食品添加物です。

　この炭酸水素ナトリウムは加熱すると炭酸ナトリウムと炭酸ガス（二酸化炭素）と水になります。この炭酸ガスが出ることで、パンケーキがふくらむのです。発生した炭酸ガスは、すべて外に出るのではなく、生地によって閉じこめられ、気泡（気体を含んで丸くなったもの）になります。また、水も加熱されることで水蒸気になり、生地の中で気泡になります。このようにしてたくさんの気泡ができるため、ふわふわしたパンケーキができあがるのです。

炭酸水素ナトリウムの化学反応（熱分解）

どのお菓子にもベーキングパウダーが入っているのかな？

5章　気体や液体を閉じこめる

お菓子はいろんな方法で空気を閉じこめる

　お菓子は、同じように空気を閉じこめているように見えても、そのしくみはさまざまです。たとえば、パイやシュークリーム、クロワッサンなどは、生地の水分が水蒸気に変わるときにふくらみます。体積が大きくなった水蒸気が生地を押し広げることでふくらむのです。

　食パンやフランスパンなどを作るときに使われるイースト菌は酵母の一種です。この酵母が生地の中の糖から炭酸ガスやエタノールを作ることでふくらみます。この働きを「発酵」といいます。

　シフォンケーキやカステラなどには、卵白を泡だてて作る「メレンゲ」が使われています。このメレンゲには小さなたくさんの気泡があり、熱を加えることによって気泡が大きくなって生地がふくらみます。

　お菓子によって空気の閉じこめ方はちがいますが、どのお菓子も空気が外に逃げていかないのは、生地の材料である小麦粉に含まれているグルテンという成分が、空気を外に逃がさない働きをしているからなのです。

水蒸気の発生によるもの
パイ、シュークリーム、クロワッサンなど
水蒸気に変身！

発酵してガスが発生するもの
食パン、フランスパンなど
ガスをいっぱい出すよ

気泡が膨張しているもの
シフォンケーキ、カステラなど
空気をだっこしているよ

上手に閉じこめることで、おいしいお菓子ができるんだよ

ベーキングパウダーを使っているものだけではないんだね

63

空気を閉じこめてできているもの

発泡スチロール

魚などの生鮮食品を入れたり、家電製品を包むのに使われている発泡スチロールは、じつは空気を閉じこめる働きによって作られているのです。原料であるビーズをふくらませて形を作り、さまざまなものに使われています。

発泡スチロールの特徴

軽い	体積の98％が空気でできているので、誰でも簡単に運べるくらい軽いです。
熱に強い	外からの熱をさえぎり、冷たいものは冷たいままに、温かいものは温かいままに保ちます。魚などが新鮮なまま運べるのはこのためです。
衝撃に強い	ぶつかったりしても衝撃を吸収して、中のものをガード。そのため、家電製品や精密機器などを包むのにぴったり。
長持ちする	直射日光（紫外線）に長時間さらされなければ半永久的に形を保つことができます。

発泡スチロールができるまで

①石油から作られた直径0.3〜2mmのビーズに、蒸気をあてて膨らませます。ビーズは約50倍に膨らみます。

②ビーズを金型に入れ、もう一度蒸気をかけます。さらに膨らんだビーズ同士が熱でくっつきます。

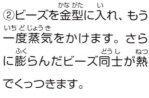

発泡スチロールの体積
原料2%
空気98%

ほとんど空気だからとっても軽いんだね！

64

5章 気体や液体を閉じこめる

自転車のチューブ

　自転車のチューブとは、タイヤの内側に入れるゴムの浮輪みたいなもので、このチューブに空気を入れタイヤの形状を保たせ自転車を走らせることができます。現在、販売されている自転車のほとんどにチューブが使われています。空気を閉じこめる量が少なかったり多かったりすると走りにくくなるだけでなく、チューブが壊れてパンクしてしまうことがありますので、空気の量を調節しておくことが大切です。

チューブに空気を閉じこめている！

エアー入りの靴

　靴底や、かかとの部分に空気が入った靴を見たことがあるでしょうか。これも圧縮された（押し縮められた）空気を閉じこめたものです。
　地面に足が着地する瞬間、空気の入ったクッションが収縮することで、体に与える衝撃を最小限に抑えてくれます。そして、衝撃を吸収するために収縮していた空気の入ったクッションは、着地した後から元に戻り始めます。また、空気を使っているので軽いといった特徴や、壊れにくく、耐久性に優れているといった特徴があります。

靴底に閉じこめられた空気がクッションになって、衝撃を吸収

空気を閉じこめることで生活が便利になるんだね

65

空気ではないものを閉じこめている!?

水を閉じこめたもの

豆腐やふきの水煮、紅しょうがなどのパックの中には、水がたくさん入っています。じつは、食品を水で閉じこめているのには理由があるのです。

食品は「空気・温度・湿度」などの条件がそろうと、腐るスピードが早くなり、すぐに傷んでしまいます。空気に触れると食品が傷みやすくなってしまうのです。逆に、この条件をできるだけ取り除くことで、腐るスピードを抑えることができます。そこで、容器にすき間なく水を入れることで、空気に触れる部分をなくし、傷みにくくしているのです。

ふきなどの山菜は、採れる時期が限られ、日持ちもしません。それでもスーパーなどでいつでも手に入るのは、水煮にして水の中に閉じこめることで、長期保存できるようになっているからです。

また、豆腐はやわらかく、形が崩れやすいことから、水を入れておくことで、クッションの役割を果たし、豆腐が容器にぶつかって崩れることがないように守ってくれる働きもあります。

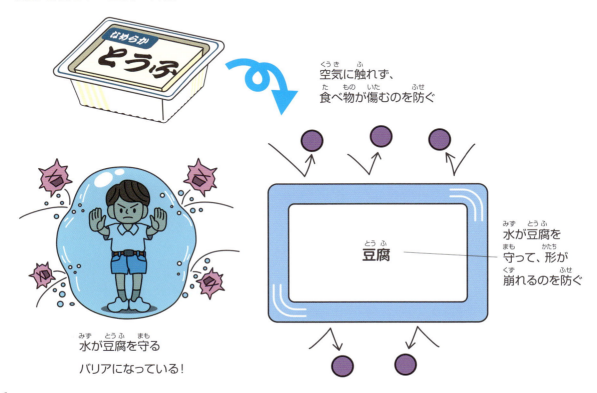

水が豆腐を守るバリアになっている!

空気に触れず、食べ物が傷むのを防ぐ

水が豆腐を守って、形が崩れるのを防ぐ

5章 気体や液体を閉じこめる

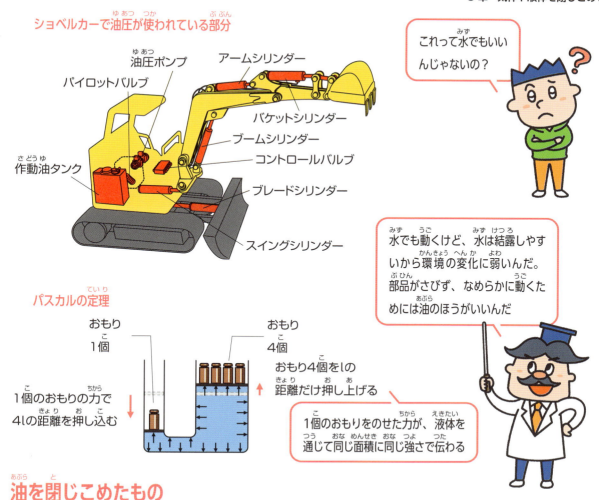

油を閉じこめたもの

　ショベルカーや車のブレーキなどには、油を閉じこめたしくみが使われているものがあります。油を閉じこめる「油圧」のしくみは複雑ですが、基本的には「パスカルの原理」を利用しています。

　パスカルの原理とは「容器の中に閉じこめた液体の一部に力を加えると、その力はすべての部分に等しく伝わる」というものです。ある面積にかかった力を、同じ大きさの面積に同じ強さで伝えるのです。この原理を利用すると、上の図のように1個のおもりで4個のおもりを支える力が生まれます。このようなしくみを作り出すことで小さな力を大きな力にすることができます。

　ショベルカーなどの油圧機器には油圧ポンプなど油を閉じこめた部分があり、このようなしくみはさまざまな機械で利用されています。現代では多くの建設機械が動力の伝達に油圧を利用しています。このしくみならレバー操作のみでブレードやアームなどの大きくて重たい部分を動かすことができ、力の必要な作業も簡単に行うことができます。

67

空気が入っているのに腐らない？

　ポテトチップスなどのスナック菓子の袋は、いつもふくらんでいて、たくさんの空気が閉じこめられています。袋がふくらんでいる理由の1つは、中身がぶつかり合って割れるのを防ぐためです。しかし、食品に空気に触れると傷みやすいという特徴があります。それなのに、どうしてたくさんの空気を入れているのでしょう。

　食品が傷んでしまうのは、空気中に含まれる酸素が原因です。酸素は、食べ物の油に反応しやすく、くっついてしまうことで食べ物が傷んでしまいます。

　そこで、袋の中に窒素のみを入れているのです。窒素は空気中の約78％を占める気体です。また、窒素は不活性ガスといって、ほかの物質と反応しにくい性質があります。この性質を使って、窒素のみを入れることで袋から酸素を追い出し、ポテトチップスを長持ちさせているのです。

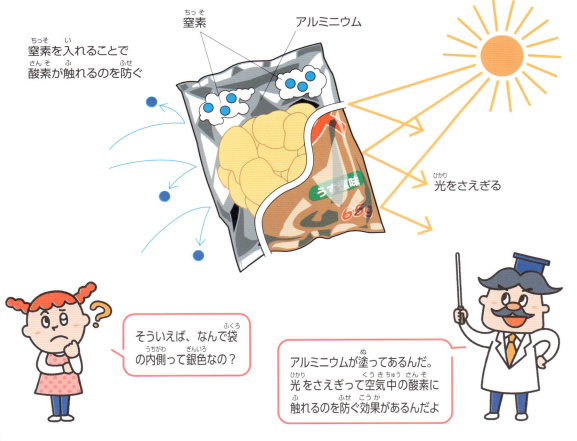

6章

生活に役立つ反応

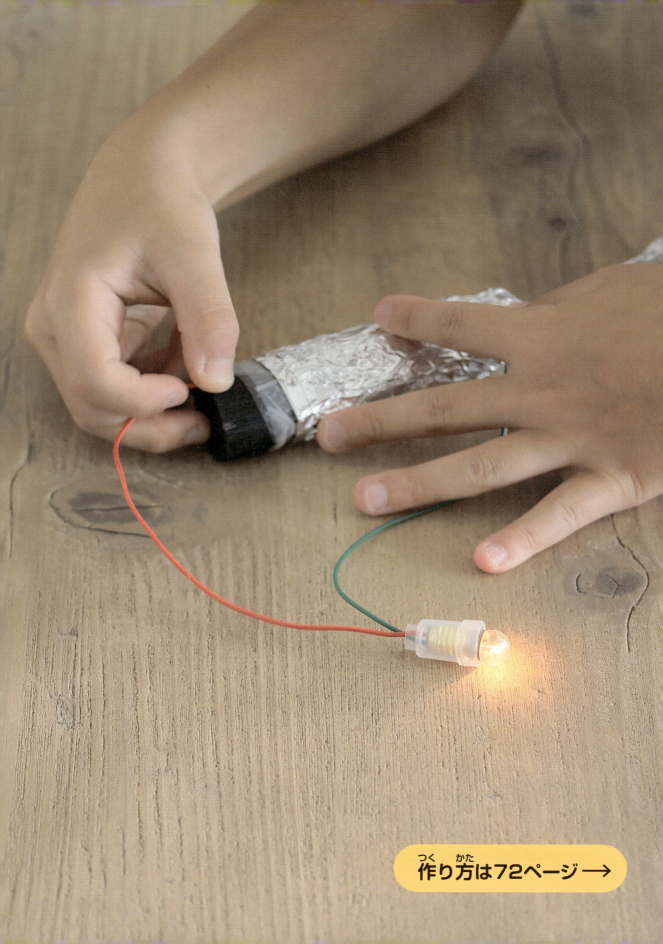

作り方は72ページ →

電気が作れる!?
備長炭で電池作り

準備するもの

備長炭(キャンプ用)

アルミホイル

キッチンペーパー

塩

水

スプーン

豆電球

ソケット

ミノムシクリップ

備長炭にミノムシクリップをつなげるときに、ゼムクリップがあると便利だよ

実験スタート！

1 コップに水と塩を入れて、スプーンで混ぜます。

まぜる

2 キッチンペーパーを塩水につけて、たっぷりしみこませます。

3 備長炭の片端が出るように2のキッチンペーパーを巻きます。キッチンペーパーはすき間ができないように巻いて、あまった部分はねじって備長炭にくっつけます。

備長炭にアルミホイルが直接くっつくと失敗するよ！キッチンペーパーが少し見えるようにアルミホイルを巻こう

4 キッチンペーパーの上からアルミホイルを巻きます。

6章 生活に役立つ反応

備長炭にミノムシクリップをつけることができないときは、ゼムクリップを備長炭にさしてからミノムシクリップをつけよう

5 アルミホイルのあまった部分は、しっぽのようにねじっておきます。備長炭に巻いた部分がしっかりとつくように、全体をぎゅっとにぎります。

6 備長炭とアルミホイルにそれぞれミノムシクリップをつけ、豆電球をつけたソケットにつなげます。

豆電球が光った！

ゴール！

なぜ備長炭で豆電球が光る？

アルミホイルから「電気の粒」が流れる

備長炭にアルミホイルなどを巻いただけで、なぜ豆電球が光ったのでしょう？

実験のように備長炭電池を作ると、アルミホイルから電子（電気を帯びた小さな粒）とアルミニウムのイオン（電子が離れたアルミの粒）が溶け出します。アルミホイルから出た電子は、豆電球の導線を通って備長炭にたどり着きます。備長炭にはたくさんのすき間があり、そこに入っている水と酸素が電子を受け取って化学反応が起こり「水酸化物イオン」というものができます。

この化学反応のために、豆電球の導線を通る電子の流れができて、豆電球が光ったのです。

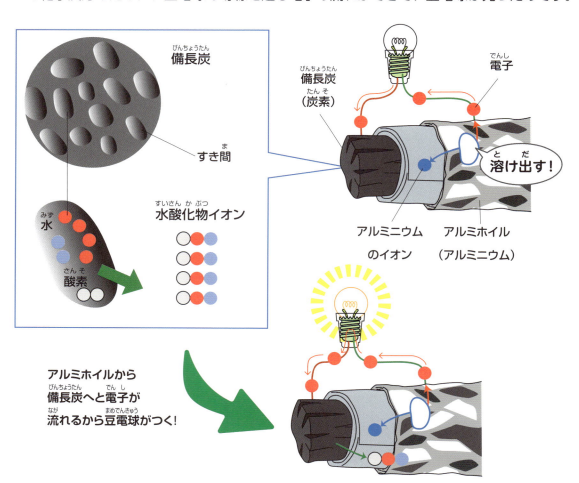

アルミホイルから備長炭へと電子が流れるから豆電球がつく！

6章 生活に役立つ反応

電池作りには備長炭がぴったり

　炭は木炭と竹炭（竹からできる炭）に大きく分けられ、備長炭は木炭です。実験のように備長炭では電池ができますが、他の炭ではうまく電池を作ることはできません。
　その理由は2つあります。1つめは、備長炭の中に細かいすき間がたくさんあること。細かいすき間がたくさんあることで、多くの水や酸素を取りこめるのです。
　2つめは、備長炭には炭素が多くあり、全体がきれいに炭になっているから。アルミホイルから出た電子が流れやすいので、電池作りに適しているのです。

炭素がたくさんあり、すき間がある

すき間に水や酸素が多く入っている

長時間反応させると…？

　備長炭電池を作って、そのまま豆電球をつないでおくとどうなるでしょう？
　先ほど説明したように、アルミホイルからは電子とイオンが溶け出します。何日も発電しつづけると、その分たくさんの電子とイオンが溶けていきます。そのため、作ったばかりでは大きな変化はありませんが、数日後にはアルミホイルがボロボロになってしまうのです。
　ちなみに、発電している間にも、食塩水が蒸発し、キッチンペーパーが乾いてきます。乾いてしまうと電気ができなくなるので、長時間発電するときは、気をつけましょう。

75

電池の世界を見てみよう

電池の発明の歴史

電池が生まれたのは今から200年以上前のこと、どんなふうに電池はできたのでしょうか？

年	おもなできごと
1780年	イタリアの物理学者ルイージ・ガルヴァーニが、カエルの足を使って電池の原理を発見しました。
1800年	イタリアの物理学者アレッサンドロ・ボルタは食塩水や銅などを使い、世界初の電池「ボルタ電池」を作りました。
1836年	イギリスの化学者ジョン・フレデリック・ダニエルが「ダニエル電池」を発明しました。電池のプラスとマイナスの役割をする金属板の間に植木鉢のような素材の板を入れて2つのエリアに異なる液体を入れて作られました。
1859年	充電してくり返し使える電池「鉛蓄電池」を、フランスの科学者ガストン・プランテが発明。
1866年	ボルタ電池は、液体が使われていて持ち運びが大変でした。そこで、フランスの電気技師ジョルジュ・ルクランシェが液体をゲル状にした電池を発明。現在の「マンガン乾電池」のもとになりました。
1887～1888年	日本の実業家の屋井先蔵や、ドイツの発明家カール・ガスナーなどが、ある電池を作りしました。これまでの電池は液体が入っていましたが、彼らの電池は液体を使いませんでした。液体を使わない、乾いた電池として「乾電池」と呼ばれるようになりました。
1900年	発明王のトーマス・エジソンが充電できる「ニッケル・鉄アルカリ電池」を作りました。
1985年	時代が進み、日本でもさまざまな電池が製造されるようになりました。そのようななか、吉野彰博士らによって、スマートフォンなどに使われている「リチウムイオン電池」が発明されました。

ボルタの名前から、Vという電圧の単位がつけられたんだ

吉野彰博士はこの発明で、2019年にノーベル化学賞を受賞したよ

乾電池の呼び名はさまざま

乾電池を「単1形」「単2形」などというのは、日本だけです。下の表のように、それぞれの国で乾電池の呼び方が変わります。呼び方はちがっても、乾電池のサイズは世界中でそろえられています。それが国際規格です。

国や地域	国際規格 (IEC・JIS)	日本	アメリカ・ ヨーロッパ・韓国	中国・台湾
電池のサイズ	R20	単1形	D	大号/1号
	R14	単2形	C	2号/2号
	R6	単3形	AA	5号/3号
	R03	単4形	AAA	7号/4号
	R1	単5形	N	8号/5号

国によって乾電池の呼び方が変わるんだ！

他にもできる！ おうちで電池作り

果物電池

レモンに亜鉛板と銅板を差して導線をつなげます。にんじんやオレンジジュースでも同じように作れます。

11円電池

10円玉と1円玉に食塩水をしみ込ませたキッチンペーパーをはさみます。

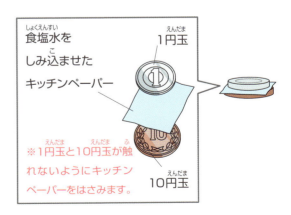

食塩水をしみ込ませたキッチンペーパー
1円玉
※1円玉と10円玉が触れないようにキッチンペーパーをはさみます。
10円玉

おうちの人に作っていいか聞いてから、ケガに注意して作りましょう

おわりに

化学反応は全くちがうものに変わるのがおもしろい

「化学反応」はココがおもしろい！

　この本は「化学反応」をテーマに、いろいろな実験やそれに関することを紹介しました。読んでいて気づいたでしょうか？　化学反応は、何かを混ぜたりくっつけたりしていたと思います。この本では、たとえば「重曹と酢を混ぜる」「ベーキングパウダーを入れる」「炭と食塩水とアルミニウムをくっつける」などがありました。

　化学反応は、このように何かを混ぜたりくっつけたりすることで新しいものが生まれたり、別のものが出てきたりするところがおもしろいのです。先ほどの例でいえば「重曹と酢を混ぜる→二酸化炭素の泡が出る」「ベーキングパウダーを入れる→二酸化炭素の気泡ができる」「炭と食塩水とアルミニウムをくっつける→電気が生まれる」などです。

化学反応は日常で役に立つことがたくさん

　化学反応は、日常のあらゆる場面で使われています。わかりやすいのは、洗剤です。洗剤はトイレ用、おふろ用、キッチン用など、使う場所別に作られています。汚れによって落ちやすい洗剤の成分がちがうからです。

　たとえば、手に土がついたときは水で洗えば落ちますが、油で汚れたフライパンは水で洗ってもなかなか油汚れは落ちません。水と油が反発し合って、油が水をはじいてしまうからです。しかし、キッチン用洗剤を1滴たらすだけで、油汚れはみるみる落ちていきます。これは、洗剤の成分が水と油を反発させないようにして、水で油を落ちやすくしているからです。水だけだと、いくらこすっても落ちないのに、洗剤を使えば一発です。このように、私たちの生活を化学反応が便利にしているのです。

いろいろな科学実験を自分でやってみよう

科学実験はたくさん体験してみると、知らないことにたくさん気づきますし、それより何より「おもしろい」。では、どのように科学実験を探せばよいのでしょうか？　まずは、次のような方法で探してみましょう。

（1）インターネットで科学実験を調べる

インターネットには、たくさんの科学実験があります。なかには実験動画もあると思います。調べ方としては「科学実験」「家でできる科学実験」などで検索するといいでしょう。自分でできる実験と自分ではなかなかできない実験、さまざまなものがあります。おうちの方と相談して実験を選んでみましょう。

（2）科学実験関連の本を図書室などで探す

学校の図書室や図書館にも科学実験の本が置いてあることがあります。とくに学校の図書室では、子ども向けの本を集めているので、おうちや学校でもやりやすいものがたくさんあるでしょう。一度探してみるのもいいですよ。

（3）学校の「科学クラブ」に入ってみる

学校のクラブ活動で科学実験をすることがあります。学校の科学クラブは、先生が実験を決めている場合もあれば、子どもたちと相談して決めている場合もあります。科学クラブがあるようでしたら、担当の先生に相談してみるのもいいですね。また、クラブ活動でなくても担任の先生に相談すると科学実験ができることもあります。

（4）科学館に行ってみる

大きな街だと科学館が近くにあるかもしれません。おうちの方に相談して連れて行ってもらいましょう。科学館で、科学実験ができるイベントもありますが、せっかく科学館に行くならば、ゆっくり回って、館内にあるものを全部体験してみるのもいいでしょう。

監修

寺本 貴啓（てらもと・たかひろ）

國學院大學人間開発学部教授・博士（教育学）、教科教育（理科）・教育方法学者。専門は、理科教育学・学習科学・教育心理学。特に、教師の指導法と子どもの学習理解の関係性に関する研究に取り組んでいる。また、小学校理科の全国学力・学習状況調査問題作成・分析委員、学習指導要領実施状況調査問題作成委員、教科書の編集委員、NHK理科番組委員等を経験し、小学校理科を中心に研究を進めている。

執筆

境 孝（横浜市立立野小学校）、小林 靖隆（墨田区立外手小学校）
三井 寿哉（東京学芸大学附属小金井小学校）、下吉 美香（神戸市立雲中小学校）
加藤 久貴（旭川市立朝日小学校）、岩本 哲也（大阪市立味原小学校）

参考文献

『小学生の自由研究パーフェクト 5・6年生』成美堂出版
『ノーベル賞100年のあゆみ(3) ノーベル化学賞』ポプラ社
『図解入門 よくわかる最新 次世代電池の基本と仕組み』秀和システム
「ジオフィールド」鳥取県立山陰海岸ジオパーク海と大地の自然館

※そのほか、各社・各機関の資料・ホームページ等を参考にさせていただきました。

デザイン：片倉紗千恵
イラスト：タニタヨウイチ・豊島愛（キットデザイン）
撮影：ヒゲ企画
校正：聚珍社
写真提供：草津町役場、下呂温泉観光協会、蔵王温泉観光協会、玉川温泉、八方尾根開発、元湯旅館、写真AC

おうちでカンタン！
おもしろ実験ブック 化学反応（かがくはんのう）

発行日	2024年11月25日　第1版第1刷
監　修	寺本 貴啓（てらもと たかひろ）

発行者	斉藤　和邦
発行所	株式会社 秀和システム
	〒135-0016
	東京都江東区東陽2-4-2　新宮ビル2F
	Tel 03-6264-3105（販売）Fax 03-6264-3094
印刷所	株式会社シナノ　　　　　　　Printed in Japan

ISBN978-4-7980-7338-5 C8040

定価はカバーに表示してあります。
乱丁本・落丁本はお取りかえいたします。
本書に関するご質問については、ご質問の内容と住所、氏名、電話番号を明記のうえ、当社編集部宛FAXまたは書面にてお送りください。お電話によるご質問は受け付けておりませんのであらかじめご了承ください。